愛ある日々を大切に

ZUSSA

The Contetns

A book of love.

The Contents

A book of love.

Introduction

A message from zussa to you.

読者の皆様、こんにちは!ＺＵＳＳＡです!
この本をお手に取っていただきありがとうございます。
まさかわたしがフォトエッセイを出せるなんて夢にも思っていませんでした。
“誰かの何かのきっかけ”になれば、という想いを託し
また、保護犬/保護猫活動の一環として(わたしの報酬全て寄付させていただきます)
本書「愛ある日々を大切に」を出版いたします。

出版社から本を出さないかと声をかけていただいたきっかけの一つが、
フォロワーの方々からのお悩みに答えていく“にわとり小屋のお悩み相談室”というコーナーでした。
コロナ禍をきっかけにInstagramで始め、約2年程続けています。

わたしはこのコーナーが大好きです。
ですが、お悩み相談室ですらすらと書けていたことが
やはり本の出版ともなると、気負ってしまいなかなか筆が進まず、
良い言葉を残そうとするとわたしらしくない気がして、それを繰り返し、
締め切りギリギリまで考えました。

年齢なんてただの数字に過ぎないと思いながらも
まだ奥深い言葉を書くことが出来ないのではないかと思ったり、
それらしい言葉を並べても響かないな、とも思いました。
だから、背伸びせず、等身大の言葉を残します。
わたしがわたしらしくあるためにも。

Hi, my name is zussa.

ー愛ある日々を大切にー

いつどんな想いでこの言葉を

@niwatorigoyaののプロフィールページに残したのか

正直なところ覚えていません。ただ“わたし＝”のイメージがついたのも事実。

こんなにも愛おしく思える言葉に出会うことはこの先きっとないでしょう。

数年前の自分を褒めることにします、フォトエッセイのタイトルになったよって。

皆様の一瞬の一生に寄り添えますように。

Life is the flower for which love is the honey.

Love yourself first, and everything else falls in line.

Trust your intuition and be guided by love.

9

All you need is love.

Love isn't something you find.
Love is something that finds you.

LOVE TODAY, LOVE TOMORROW.

愛ある日々を大切に

文字にする。言葉にする。行動する。

きっと有名な四字熟語であろう「有言実行」。
たまたまラッキーだっただけかもしれませんが、
なんだか言葉にして周りに言い続けると
実現出来た夢がいくつかあります。
アパレルデザイナーになることや
白無垢を着る、なんて夢が叶いました！
もちろん実現出来ていないことも沢山ありますが。
よく言葉にすることは大事だと言いますが
自分を奮い立たせるという意味でもシンプルに好きです。

高校生の時から仲の良い後輩の話です。
例えばどこかへ一緒に出掛けて、食事して解散したとします。ほとんどの人はそこで
「ありがとう」を伝えて終わりだと思うのはわたしだけでしょうか？
それだけでも十分だと思うのですが
彼女はバイバイした後に必ずLINEで「今日はありがとうございました！楽しかったです！」
とメッセージをくれるんです。これって素敵じゃないですか？

あ、あとこんな行動を示してくれる人も素敵だと思います。
お誕生日や記念日はもちろん、何もない日に感謝の言葉を伝えてくれたり
メモをくれたり手紙をくれる人。心が温かくなりますし、わたしもお返ししたくなります。

目標がありすぎると

見失うことが増えてしまったのでやめました。
何かの本で「１００の目標を考えよう！」という言葉を目にし、
年の始めに１００個の目標を考え、
年の終わりにその目標が達成出来ているかをチェックしました。
そして次の年はそんなことを考えるのはやめました（笑）
だって思わず落ち込んでしまう結果だったから。
落ち込む必要なんてないのに。
そして、他に考えなきゃいけないことがあることに気づきました。
それも成長ということにさせてもらいます。イエス、ポジティブ！

価値観って大事！

母に「お金の貸し借りはするな！保証人にはなるな！」
とよく言われてきました（笑）
そして母は、時間に厳しい人でもありました。
そんな母に育てられたからか、
お金と時間にルーズな人とは気が合いません。
自分が遅れてしまった時は自分に嫌気がさします。
印象に残っている言葉があります。
「人を待たせる＝相手を待たせてもいい人だと思っている。」

好きになれない人や信頼できない人と一緒にいる必要は
基本的にはないと思っています。

仕事は難しいところもありますから、
せめてプライベートは自分が一緒に居て
損得関係なしにプラスになれる、
本当のわたしらしさを肯定してくれる人を大切に。

でも価値観が合う人だけ選んでいたら
世界はとても小さく
感じてしまいそうな気もするようなしないような。

SELF LOVE.

自分を尊敬すること、大切にすること、好きでいること。

オンラインとオフライン

わたしの仕事はほぼ一台のiPhoneで出来ちゃいます。
反対に、ないと本当に困ってしまいます。
だから丸一日ケータイに触らないことは難しいですが、
オンラインとオフラインを分けて生活するのってやっぱり大事。
SNSで繋がれる幸せと、
SNSに載せ切れない幸せを大切にしながら
程よくデジタルデトックス出来ればいいな。

趣味、自己投資

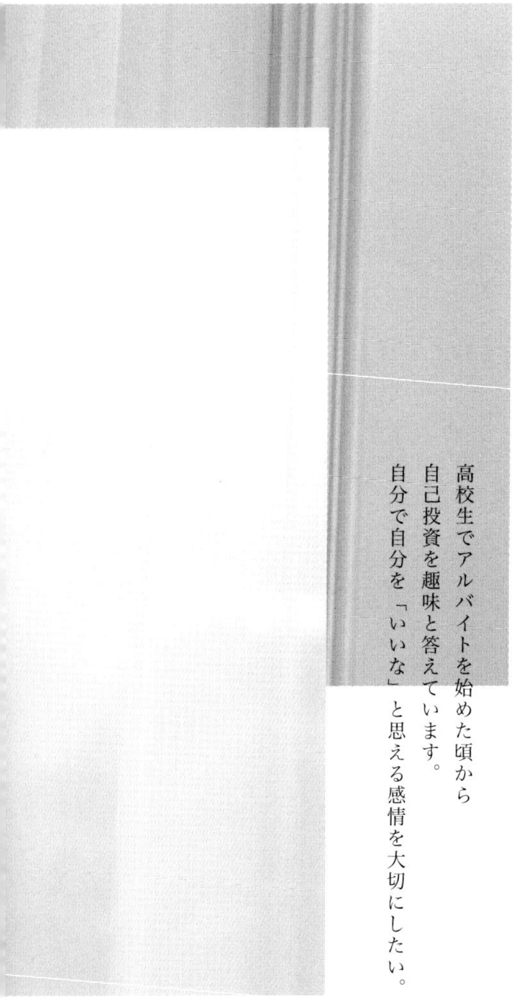

高校生でアルバイトを始めた頃から
自己投資を趣味と答えています。
自分で自分を「いいな」と思える感情を大切にしたい。

２６歳は「再起」。今のわたしにはこの言葉がぴったり。

挫折があって今がある

「にわとり小屋のお悩み相談室」に寄せられるお悩みに、
わたしと同じ経験をされている方も多く
少しでも皆さんの悩みに寄り添えればという思いでここに書きます。

人生ではじめて挫折を味わったのは高校受験の不合格。
合格発表の日から何日か泣きました。でも悠長なことを言っている暇はなく、
どうしても地元の高校に通いたくなかったわたしは親に土下座までして、
私立で学費が高く、通学に片道一時間半もかかる高校に入学させてもらいました。
上田西高校入学が、わたしの人生が変わる瞬間でした。
ド田舎出身だったわたしには、何もかもキラキラして見え、刺激的でした。
内向的だった性格が明るくなり、外見も磨くようになり、
いつしか自信を持てるようになりました。

それから専門学校に入学し社会に出ると、
悪い大人に何度か騙されたり、大変なこともたくさんありました。
乗り越えられたのは、あの時の挫折があったから。
失敗や挫折をするとすぐには切り替えられない時もあります。
それでも視野を変えるだけで人生は必ず上向きます。

幸福を運んでくれる仕事

お客様はどんなアイテムを求めているだろう？
どんなサービスを求めているだろう？
お客様やフォロワーの方々に喜んでいただけた時が
わたしの幸福の瞬間です。

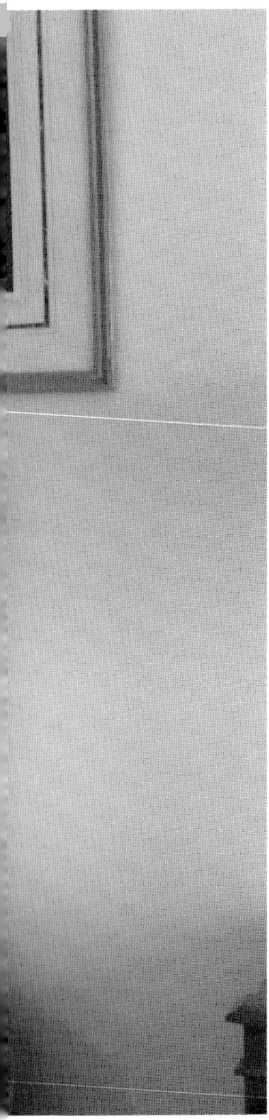

やりがいを感じるとき

洋服をデザインするのも、ディレクションするのも好きですが、
有難いことにブランドを約四年続けさせていただいて思うことは
「これは絶対人気！」と勝負に出たアイテムが
お客様に刺さった瞬間はやっぱり嬉しいものです。
四年続けても、好きな仕事でも、自分にセンスがあると
思ったことはありません。でもたまに現れる根拠のない自信が
わたしを強くしてくれます。さらにわたしを無敵にしてくれるのは
お客様のポジティブなお声を聞けたときです。

わたしの原動力

オフラインで集まれる場って素敵！
わたしはPOPUPで店頭に立つのが大好きです。
直接お客様の表情を見て交流したり、
たくさんのお褒めの言葉をいただける贅沢な機会でもあります。
接客をする中で、洋服に限らずアイディアが降ってきたり
気分が底上げされ、わたしの原動力へと変わります。

お客様からのお手紙で、“MIRO AMURETTE＝女の子を楽しめる理由”
なんて素敵な言葉をいただきました。
素敵なお客様の支えがあって今のMIRO AMURETTEがあります。

にわとりシリーズの裏話

MIRO AMURETTE の今や定番商品でもある
「にわとりシリーズ」の裏話。
まず何故自身の Instagram のアカウント名が
@ niwatorigoya かというと、高校三年生のときに
雑貨店で見かけたリアルな鶏柄のラッピングペーパーに一目惚れし、
それがきっかけで好きになり、（特に鶏のフォルム）
今のユーザー名誕生です！（笑）
「にわとりシリーズ」については、実はわたし自身の意見ではなく
マネージャーの勧めがあり誕生しました。
まさか自分で描いた鶏が
たくさんの方に手に取っていただけるアイテムになるなんて
想像もつきませんでした。
全ての出会いに感謝です。

にわとり小屋のお悩み相談室

M

Niwatorigoya

Answers to Questions

Q&A

にわとり小屋のお悩み相談室

Q.好きな言葉は？
A.愛ある日々を大切に

Q.好きな色は？
A.白と赤。
好きな色でもあり似合う色でもあるはず！

what are
my favorites?

Q.好きな季節は？
A.冬。愛と感謝を伝えたくなる季節！
東京の冬は煌びやかで気分が上がり、
長野の冬は雪化粧した山々が連なり圧巻。
あと、なんといっても愛猫ゼフが寒くて布団に
入ってくる季節。幸せでしかないです。

Q.趣味は？
A.本を読むこと、あとアニメ。

Who I admire.

Q.憧れている人は？
A.オードリー・ヘップバーン

Q.尊敬している人は？
A. わたしと関わってくれる人達と尾田栄一郎先生！
ワンピースはわたしのバイブルです。

About job.

Q.仕事とは？
A.んー、ありきたりですが生きていく上で必要なこと。昔から“早く自立したい！”という思いが強く、学生アルバイトの時からこれと言った理由はないのですが“わたしは専業主婦にはならない！一生仕事していく”と決めていました。色々な仕事を経験して、どの仕事でもお客様に喜んでいただける瞬間が一番やりがいを感じます。今の仕事についてはSNSだけではなく、POPUPでお会いする機会もありわたしの原動力になっています。これ以上に好きなことはあるのか不安になる程、今の仕事が大好きです。

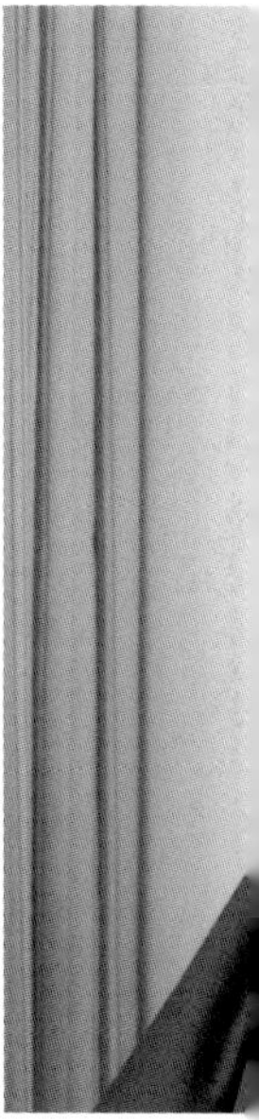

What skills do I have?

Q. 自信を無くした時の立ち直り方は？
A.大好きな人に話を聞いてもらいます。
わたし一人じゃ立ち直れません！

Q.10代の頃に役に立ったアドバイスは？
A.お金と時間にルーズな人には気をつけろ！

Q.20代前半までにやるべきことは？
A.ビジネスマナーを身につけておく！
あと、礼儀や所作が美しい人はそれだけで魅力的。

Q.自分の性格でいちばん自慢できることは？
A.切替力と行動力！
常に変化に対応できる人間で在りたい。

Q.自分の性格で直したいところは？
A.家事全般苦手なところですかね(笑)
洗濯干すのでさえ下手ってみんなから言われます。

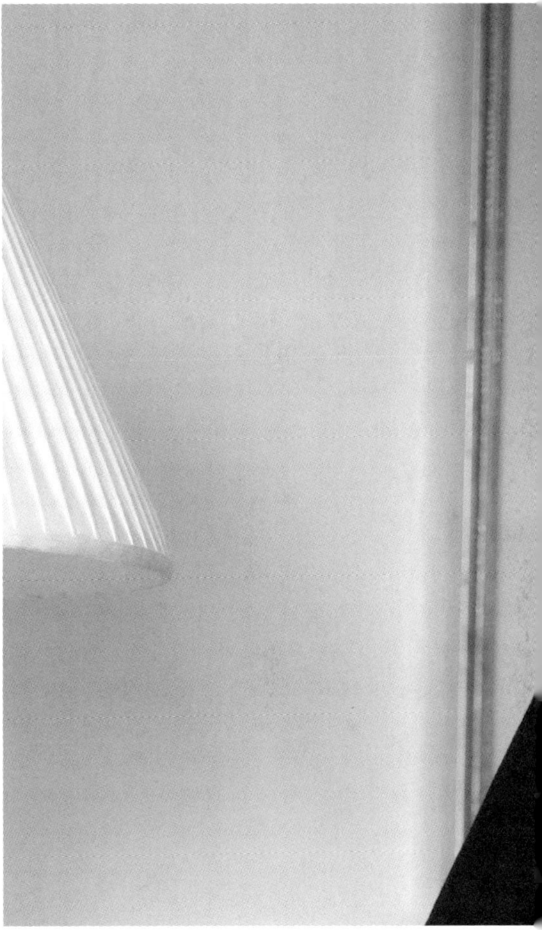

About me.

My motto.

Q.自分でブランドを始めて得た最大の教訓は？
A.良すぎる話には乗るな！
調子のいいことばかりいう人間には騙されるな！疑え！かな？
無知が故にブランド始めた頃は人間不信になりかけました(笑)
でも、疑ってばかりじゃ人生はつまらないので何より切り替えが大事！
ということをその後に学びました。

Q.SNSを楽しむコツは？
A.SNSだけにならない、休息を忘れない、
あと一番大切にしていることは調子に乗らないことです。
ずっと言い続けていますが、フォロワーさんが居てくれたからこそ
今があるので。

Qあなたのモットーは？
A.考えるな、行動せよ！

Communication.

Q.コミュニケーション力を高める方法は？
A.何より相手のことを思いやる心が大事だと思います！
方法:コミュニケーション力を高める本を読む→
それからは実践あるのみ！
出来る限り人と関わることを意識してみることは大事。
わたしの経験談ですが、中学三年生まで内気で男の子と話すだけで
顔が真っ赤になってしまうタイプのわたしだったのですが、
卒業間近に掃除のグループで男の子の友達が多い女の子と仲良くなり、
初めは相槌程度だったのですが、だんだんと会話にも慣れ
人生最大のモテ期がきましたよ。一瞬で終わりましたが(笑)
そんな風に最初は周りの友達に頼るのもありなのかなと思います。

Self-improvement.

Q.進路・転職で悩んでいます。人生の分岐点で大事にしていることは？
A.このままでいいの？と問いかけます。そのあと紙とペンを
用意して紐解いていきます。
自分の好き・得意を理解するのって大事！
適材適所。苦手なことを頑張るよりも、
ちょっとでも得意だと思うことを選んだ方が人生楽しいです！
もちろん、わたしの意見であり、何を重要視するかにもよりますが。

Q.揺るがない芯はありますか？
A.わたしが愛する人、わたしのことを愛してくれる人を
言葉だけでなく行動で大切にすること。

Q.原動力とは？
A.フォロワーの方々やお客様からいただく愛のある言葉は
わたしがいつまでもMIRO AMURETTEに情熱を持てる理由です。

Q.素敵な女性とは？
A. 愛嬌×自立×余裕
ユーモアがあって前向きで周りのことを幸せな気分に出来ちゃう人。
社会的礼儀と強くて芯のある人！

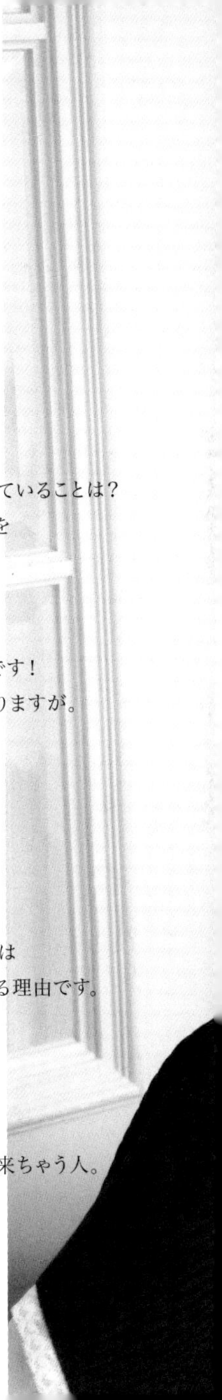

Relationships.

Q.どんな人と関わるべき?
隣の表が今わたしが関わっている人たちです。

People I love.

夫
わたしが一生一緒に
居たい人です！

フォロワーさん
しつこいくらいに伝えさせてください！
今のわたしが、
今のMIRO AMURETTEがあるのは
紛れもなく皆さんのおかげです。

妹
一番気が合います。
性格は真逆ですが
価値観が一緒。
シスコンです♡

両親
手のかかる無駄
お金もかかる娘でし
見守ってくれて
今を受け入れてく
感謝しかありませ

スタッフ
人柄の良い人ばかりに
恵まれました。
勝手にわたしの誇りです！

ZUSSA
(me)

マネージャー
彼のメンタリティには
尊敬しかありません！(笑)
よくぞ折れずについてきてくれました！

友人
前向きでプラス思考な
わたしで居させてくれる人達。

会長
約二年前に会長に言われた言葉がなければ
この本が生まれることもありませんでした。
いつも気づきときっかけをくれる方です！

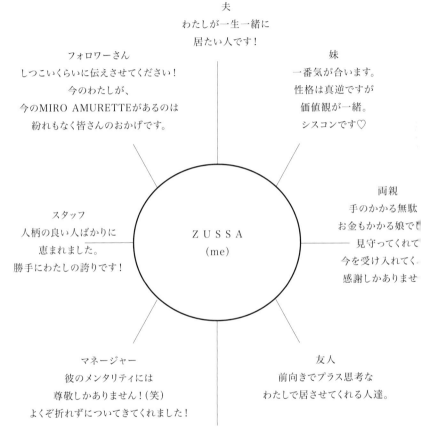

Niwatorigoya

ZUSSA's thoughts

words

大切なメッセージ

confidence is the key!

Selflove

love yourself

魅力的な女性への一歩は、自分への小さな尊敬から。

わたしの好きな言葉の一つ。

よし、みんなとりあえず自分褒めて、

嫌なこと辛いこと、しんどいこときついこと

沢山あると思うけど

悔しんだ分だけ、人と比べて落ち込んだ分だけ

ネバーギブアップ精神で

負けん気で、強気で

根拠のない自信で

今を生きてみよう！！！

半年後でも一年後でも数年後でも自分の強みになるから。

わたしがわたしを好きで居られる理由は

マイナスになりがちな考えをプラスに変えられたからだと思います。

＃これも根拠のない自信だけど

あなたがあなたを信じてあげなくて誰が信じてくれるの？

“あの人のようになれ”と強要してくる人、
新しいことをしようとすると
そんなの無理だと笑ってくる人がいます。
はい、無視しましょう。
あなたにしか歩むことのできないオリジナルの道があります。
どうか諦めないで。

愛してくれる人が居るから今があって
愛したいと思える人が居てくれるから
夢を持って挑み続けることが出来ます。

自分で自分を守れる女が“良い女”だって
峰不二子様が言っていたので
守って守って守り抜きます。

逃げたって良いんだよ、
後戻りしたっていいんだよ、
夢がなくたって良いんだよ、
進んでたらそのうち見つかるから。大丈夫。
一つだけ言うなら、
誰かを嫌いになったって良いから
自分のことは好きで居てください。

Thank you.

「ありがとう」に、「いつも」がつく特別さったらね。

いつもありがとう。愛を込めて。

ちょっとやそっとのことじゃ折れない一本の芯があれば大丈夫。

あなたが大切にしていることを忘れないでね。

完璧を意識せず、日々の積み重ねが

ちゃんと進みたい方向へと導いてくれる。

つまづくのは進んでいる証拠。

わたしを作る8つのこと

1 *Love story of us.*

How we met, and about marriage.

出会いから交際までのお話

お互いに長野県佐久市出身で高校の時から知っていました。その後Instagramで繋がりはありましたが特に関わることはなく、2019年1月18日にわたしが自身のブランド発表をした日にDMでお祝いの言葉をくれたのがきっかけで話すように。それから連絡を取ったり何度かご飯に行って、鎌倉・江ノ島デートに誘い告白してほしいアピールをして(笑)2ヶ月経たないうちに交際がスタートしました。

別れから復縁まで

交際していく中で、実はお互いの将来の方向性の違いから一度お別れしました。お互いの方向性が違うのは分かっていたものの、現実主義と理想主義の考えはなかなか分かり合うことが出来ず！という感じで…。

同棲をしていたので解消し、お互い別々で暮らしていた頃、わたしが住んでいるマンションの下の住人がちょっと怖い方で…。スマホを落としただけで怒鳴られたり直接来られたりと、頼れる人が彼しかいないのもあり別れた後に連絡をしました。

そこから色々とありましたが、住人トラブルも解決しお互いの気持ちを再確認し、将来の方向性が一致したので復縁しました。今となれば住人の方に感謝するレベルなお話(笑)

わたしが思うのは復縁＝うまくいかないというわけではないということ。ただ別れた原因を突き止め、改善しないで戻ることだけはやめたほうがいいです。「にわとり小屋のお悩み相談室」で一番多い質問です。やり直すことを迷っている方や同じ境遇の方のヒントになりますように。

結婚

2022年2月、夫が仕事で地元に戻ることが急遽決まり、それを機にプロポーズしてもらいました。わたしは“こんなプロポーズがいい！”という理想があり、付き合っていた頃から言い続けていたこともあって全て叶えてくました。色々と急遽決まったこともあり、夫はプロポーズ準備に追われておりましたが最高の思い出になりました。結婚はタイミングって言いますけど、勢いも大事だなと身を持って実感しました。ちなみに、2022年4月20日に入籍しました。愛してやまない愛猫の誕生日です。

彼について

夫はゼフの次に可愛いと思う人(笑)真面目に大事だと思うんです。可愛いというか愛おしいと思う感情って。夫婦になったばかりで、夫婦のふの字も語れませんが、夫は口数は少なく一見クールに見られがちですがわたしの前では基本可愛い人。これ以上言うと怒られそうなのでやめておきますが…。大体皆さんそんなものなのでは?あと、見ず知らずの人にも優しく、困っている人を放っておけないタイプ。

遠距離結婚生活

そんなこんなで婚約した次の日から、夫は長野・わたしは東京に単身赴任の生活がスタート。籍を入れてからもそのスタイルは変わらず、遠距離結婚生活を送っています。今のところ順調です。会うペースは大体2週間に1回くらいのペースですが、長野と東京の生活は全く違うのもあって楽しいです。寂しくないと言ったら嘘になりますが、秘訣といえば毎日ビデオ通話を欠かさずしていることです!

2 My baby, zeff!

Our story with zeff.

I love you.

2021年夏、
保護猫施設から一匹の子猫を
家族に迎えました。

名前はゼフちゃん。女の子です。

名前の由来は、
大好きな漫画ONE PIECEのキャラクターから取りました。

出会う前から夫と、この名前にと決めていました。
ゼフちゃんにはしつこいと思われていそうですが、
毎日“可愛い”と“愛してる”を伝えます。

About animals.

わたしたちが目を背けてはいけない現実。
今日本で起きていること。
微力ながらに、読者の皆様が考えるキッカケになればと思います。

わたしが保護犬・保護猫について考えるきっかけになった理由は
大きく分けて2つあります。
1つ目は、シンプルに犬猫が好き！
今思えば小さい頃から、両親が野良猫や未熟児で生まれた犬などを
家族に迎えていた家庭環境で育ったからか、自然とわたしも犬猫が大好きに。

2つ目は、目を背けたくなるような悲しいニュースが
2021年秋全国に大きく報じられました。
長野県松本市内で、劣悪な環境で犬を飼育し、
虐待していた販売業者の元社長らが逮捕されました。
これ以上不幸な犬猫が増えないように、
「誰から迎え入れるか」をよく考えなければいけないと痛感させられる事件でした。

ペットショップで犬猫を買い、大切に我が子のように愛している飼い主さんは
たくさんいるのも事実。否定するつもりもありません。
ただ、その背景には人間の悪が蔓延っているのも事実。
ペットショップで売られている子犬や子猫は一体どこからきたのか。
そんなことを考え始めたのもここ数年で、知れば知るほど目を背けたくなるような
現実がたくさん。売れ残りは、安く売られまた繁殖に。こんな悲しいことが起こらない様
に殺処分ゼロを目指して。わたし自身もまだまだ勉強不足ですが、
できることは行動していきたいです。

“愛ある日々を大切に”の書籍売上から
わたしの印税分全てを動物保護団体に寄付させていただきます。

My family! Love you ♡

3 *Nagano*
my hometown.

1.軽井沢レイクガーデン

2.霧ヶ峰

3.コスモス街道

4.MMoP

長野県は自然豊かでおすすめスポットがたくさん！

わたしが特に好きなエリアは軽井沢/御代田エリアです。

4 Book

my favorite books.

1.ONE PIECE　著者：尾田栄一郎

2.自分で「始めた」女たち　著者：グレース・ボニー

3.Lady Lesson　レディ・レッスン~ポジティブガールの教科書~
著者：ケリー・ウィリアムズ・ブラウン

4.TODAY IS A NEW DAY!
ニューヨークで見つけた「1歩踏み出す力をくれる」365日の言葉
著者：エリカ

5 *Beauty*

my beauty routine.

小顔コルギ

小顔コルギ+ハイパーナイフ+小顔矯正＝小顔になる3種の神器。

わたしが今まで小顔になると感じた美容はコルギです。
効果抜群なので痛みに強い方のみおすすめです！
もちろん個人差があるのと、やりすぎ注意なのでここぞというタイミングで是非！

眉毛エステ

固定のサロンはありませんが、間引きしてくれるところがおすすめ！
垢抜け＆眉毛描くのが楽ちんになります。

基礎代謝をアップさせる

とにかく体を冷やさないことが大事だなと感じました。
ここを意識するだけで、生理不順やニキビが出来にくくなったりと良いことばかりに！

食事制限は苦手なわたしでも続けていることはブロッコリーを食べる、ルイボスティーを飲むことです。ニキビ肌の方におすすめです。

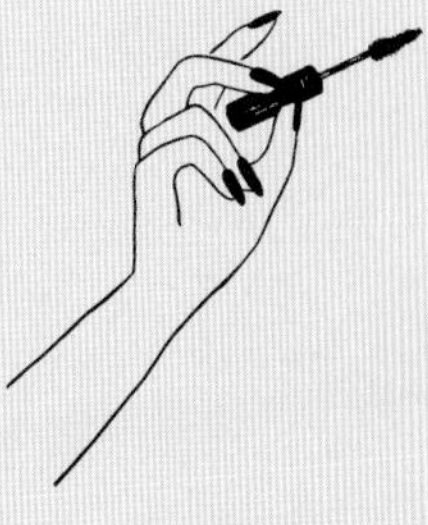

6 *Makeup*

my makeup tips.

おすすめメイクアイテム

カラコンはもう5年程愛用しているCHOUCHOUシリーズ。
カラーはオレンジブラン・フローズンヘーゼル・フレッシュライム。

アイライナー・アイブロウライナー・マスカラはセザンヌがおすすめ！

下地クリームはETVOSです。お肌に優しいところが好き。

7 Hairstyles

my hairstyles.

おすすめのヘアケア

プロデュースしたヘアクリーム(Newreme for zussa)
ディープモイストヘアミルク
潤い！ツヤ！まとまりやすく健康な髪を手に入れることができます。
美髪の秘訣です！！！

ヘア家電は基本的にRefaで揃えています。
一番のおすすめはドライヤー。髪に優しいって素敵！

8 MIRO AMURETTE
my brand.

ンテージアイテムから始まった
RO AMURETTE。忘れもしない
130着、夜通しモデルとディレクシ
ン撮影していた頃のショット。

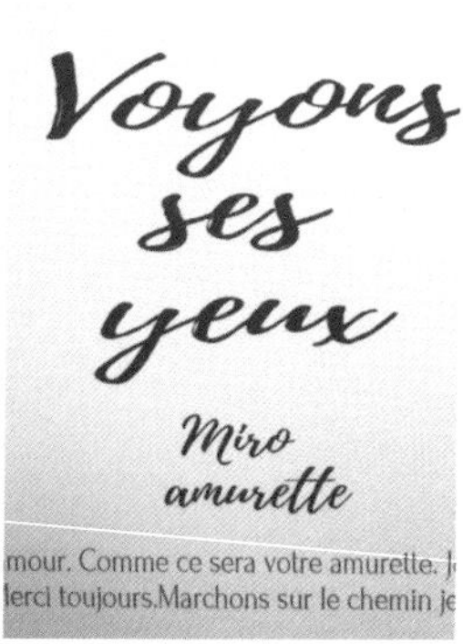

初のオリジナルアイテムはトートバッグ。

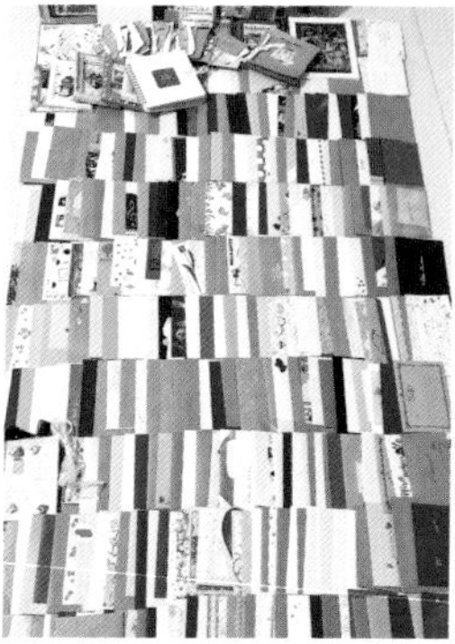

MIRO AMURETTEを設立してからの3年間でいただいたわたしの宝物。

MIRO AMURETTE POPUP。今じゃ考えられないですが、初のPOPUPは写真に写っている2ラックのみの営
加えて1ラックはビンテージアイテム。フォロワーの方々・お客様が来てくださるか不安ばかりでしたが、開店2時間
から来てくださる方もいて、列も出来、涙を堪えるのに必死でした。そして、2時間前に来てくれていたひとりが、今で
スタッフとして2年半も一緒に働いてくれています。感慨深いですね。

2021.3.1 代官山の事務所移転記念！

2022.3.21 東京ガールズコレクション出店！圧倒的で感動的なステージ。

撮影の裏側。

team MIRO AMURETTE！

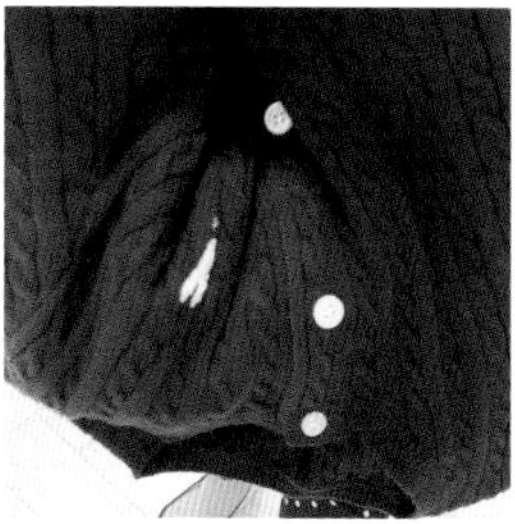

MIRO AMURETTE NIWATORI series

POPUP時のショップバッグ。

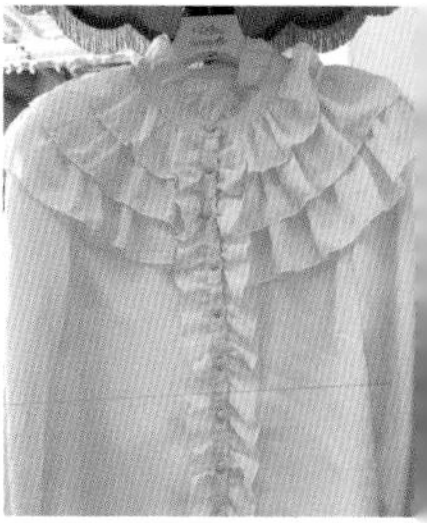

MIRO AMURETTE アイテム 2019-2022のお気に入り一部。

トートバッグのメッセージはフランス語で「彼の目を見よう」今思うと大胆なメッセージ。

Thank you so much!

わたしの宝物。

可愛いものを作れた時のときめきったらもう堪りません。

初のオリジナルアウターであり、ロングセラーアイテムでもあるエコファーコート。ビンテージアイテムと並んでいるのは歴史を感じます。ちらっと左奥にあります。

愛ある日々を大切に

編集長より

三度目のミーティングで待ち合わせた銀座のカフェで、
本書のデザインについて話した時のことが印象に残っています。
バッグから取り出したブラウンの手帳と、付箋をたくさん貼った本。
常々、礼儀正しく品があり魅力的な女性だと感じていましたが、
そのマーブルの丸テーブルに置かれた彼女の持ち物を見た時、
それぞれへ愛が注がれているのがよく分かりました。
心の底から「素敵な人だなぁ」と感じた瞬間でした。
彼女の綴った言葉の端々に、わたしが見たような温かさを
感じ取っていただける一冊ではないでしょうか。
是非ゆっくり時間を取って楽しんでいただけたら幸いです。
Chiharu Nagakura (@chiionholiday)

Staff List

Edit/Design Chiharu Nagakura

Photographer Hien (@hienfolio)

Videographer Antonio Nagajata
from MIRAZENOBIA (@mirazenobia_studio)

Hair&make up Artist Kaori Chiba
(@__kaorihairmake)

Afterwords

Thank you for reading.

実は出版のお話をいただいた際、
一度お断りさせて頂きました。
本の出版なんて芸能人でも勿論ないし、
インフルエンサーという立場ではあっても
わたしよりも凄い方は五万といるわけで、
結論自信がなかったです(笑)

読者の皆様が
"どう感じてくださるか"に
この本を出した意味があると思っています。

気づけばInstagramをはじめて早8年。
この本が、これまで支えてくださった
フォロワーの方々の何かのきっかけに
なれれば本望です。

そして、保護犬/保護猫活動の一環として
今回お話を受けさせて頂きました。
"愛ある日々を大切に"の書籍販売の
印税分の全てを動物保護団体に寄付させていただきます。

偉そうに聞こえるかもしれませんが、
わたしができることが誰かの何かのきっかけになり
また恵まれない犬猫たちの一助になれば幸いです。

とびきりの愛と感謝を込めて。

ZUSSA

ZUSSA

1996/6/10生まれ 長野県佐久市出身
2019/1/18 アパレルブランド設立
MIRO AMURETTE ブランドディレクター兼デザイナー
現在は東京と長野で2拠点生活
SNSではMIRO AMURETTEについてはもちろん、
“にわとり小屋のお悩み相談室”等で言葉を発信。
IG:https://www.instagram.com/niwatorigoya/

愛ある日々を大切に

2023年2月10日　初版第一刷発行

著　者　ZUSSA
発行元　Jane Publishers（株式会社QUINCCE）
発行人　長倉千春
連絡先　info@janepublishers.com

Printed in Japan